现代农业新技术系列科普动漫丛书

牛倌父子养牛记

韩贵清　主编

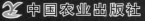

中国农业出版社

本书编委会

前　言

　　黑龙江省农业科学院秉承"论文写在大地上，成果留在农民家"的创新理念，转变科研发展方式，成功开创了科技创新、成果转化和服务"三农"为一体的科技引领现代农业发展之路。

　　为了进一步提高农业科技知识的普及效率，针对目前农业生产与科技文化需求，创新科普形式，将科技与文化相融合，编创了以东北民俗文化为背景的《现代农业新技术系列科普动漫丛书》。本书为丛书之一，采用图文并茂的动画形式，运用写实、夸张、卡通、拟人手段，融合小品、二人转、快板书、顺口溜的语言形式，图解最新农业技术。力求做到农民喜欢看、看得懂、学得会、用得上，以实现科普作品的人性化、图片化和口袋化。

编　者

2016年11月

学畜牧专业的牛建功大学毕业后，回到家乡，在父亲牛大叔的支持下办起了肉牛养殖场。虽然懂技术，又有农科院专家给指导，但建功却丝毫不敢大意。无论是种牛选购、日常饲养，还是科学配种、防病治病，都严格把关。一年下来，养牛的门道儿越学越精，养殖场也要发展壮大了。

主要人物

小农科　　牛建功　　牛大叔　　牛姐姐　　牛妹妹

　　在小农科的帮助下，牛建功家的养牛场顺利落成了。就建在村子的下风口，交通便利，附近也没有污染源。牛场开张这天，牛大叔美滋滋地向前来道喜的村民们炫耀起新牛场和自家能干的儿子，大家都对这新牛场赞不绝口。

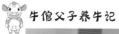

　　见大家都说好，牛大叔很高兴，得意地说自家这牛场专搞母牛繁育，并对消毒池、消毒室、值班室等牛场内一应标准化设施介绍了一番。

听说你给儿子投资建这个养牛场，花了50万！

　　"养牛攒了三十年的棺材本都给掏出来了，你儿子给你封个啥官儿？"老兄弟们打趣儿道。"我是他亲爹，啥都能管！"牛大叔心里乐开了花。

　　"吹吧！这牛场准备养洋牛，你那套养笨牛的嗑都不好使了。""人家儿子是畜牧专业的大学生，比老倌儿懂得多。"大家你一言我一语，场面甚是热闹。

　　为了向大伙儿证明自己在牛场的重要地位，牛大叔大声招呼建功，让他下周就把牛给买回来。建功却告诉他："还要再等一周。眼下正是收玉米的时候，得抓紧做黄贮，提前准备好一冬天的牛饲料。"

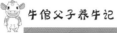

话还没说完，建功就拉着小农科进屋，算他那50头牛买60吨秸秆够不够用。儿子有主意不听自己的，当着大家的面儿，牛大爷有些不好意思。

　　一辆辆农用运输车满载着玉米秸秆开进牛场饲料区，待粉碎的秸秆已经被堆得老高。碎秸秆哗啦啦地从粉碎机里喷出来，堆成了小山。

　　小农科抓起一把碎秸秆对建功说："做玉米秸秆黄贮，先要铡短成两三厘米长；其次要看水分，60%左右最合适。用手一攥，不滴水但是手上有水珠就可以了。如果太干燥，可以适当加点水。"

　　饲草一定要推平、压实。成型的草堆用塑料布盖好，保证四周密封不透气，1周内就可以发酵了。

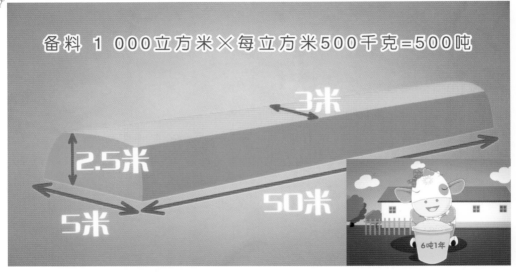

备料 1 000立方米×每立方米500千克=500吨

3米

2.5米

5米

50米

6吨1年

　　每堆草500立方米，两堆共1 000立方米，约有500吨。按每头母牛每年用6吨计算，够50头母牛吃一年半了。粮食备好，就可以去买牛啦！

　　黄牛交易市场门口，牛家父子选购的50头"黄白花"已经被装入两辆卡车。牛大爷有些心疼运费，觉得一辆车就足够用。小农科告诉他："长途运输，50头小母牛用两辆车正合适。如果装得太挤，牛容易踩踏受伤，甚至压死，那损失可就大了。"

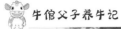

　　小农科又叮嘱司机："启动和刹车要慢，不能急刹车。"建功拿着刚办好的检疫合格证从交易市场走出来。"我把抗应激的药打上，咱就发车。"小农科说道。

"我的牛宝贝儿，咱回家喽！"牛建功仰头看着车上的小牛，高兴地说。

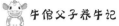

　　在回家的路上，牛大叔问小农科："为啥不买那个贵的品种，将来还能多赚点？"小农科解释说："大叔，买种牛要考虑好多因素呢，不能光看价格。"

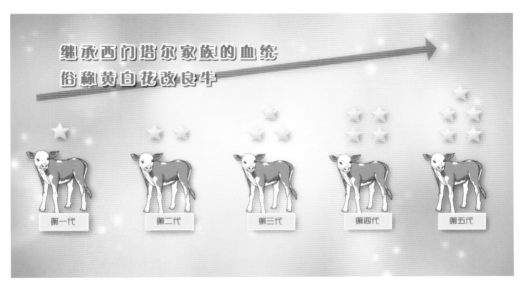

继承西门塔尔家族的血统
俗称黄白花改良牛

第一代　第二代　第三代　第四代　第五代

　　这次选的牛是用西门塔尔冻精改良的，俗称"黄白花改良牛"。改良代数越高，血统越纯，优点就越突出。

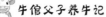

　　黄白花的特点是母性好，天生就是好妈妈。咱们是新牛场，第一批种牛买这个品种，最保险。

"体长一米三,肩高一米二,体重250~300千克。作为芳龄10~12个月的黄白花妙龄少女,告诉你们什么叫好身材、好相貌。"牛姐姐跳出来娇羞地说。

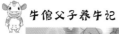

"花纹美，脑门亮，四蹄踏雪白尾巴；体型方，四肢壮，眼大有神湿鼻子。"牛妹妹也出来凑热闹了。

"我们家族的女人，能生能养奶水好，生下的小牛娃长得快、个头大，还适合这地区的气候，到谁家谁有福气。"牛姐姐自豪地说。

　　傍晚时分，一路奔波的小母牛终于在建功的牛场安家了。牛大叔抚摸着牛背，轻声说："我的牛宝贝儿啊，坐了一天的车，进圈去，喝点水吃点料，好好歇歇。"小农科连忙拦住他："别急，它们太疲劳了。在这安安静静休息一小时，缓过劲儿再喝水。"

　　转眼小牛们到建功家已经好几天了，可始终光掉秤不见长膘，牛大叔看着小牛有些发愁。这时，建功拿着一张饲养要求的海报走进牛舍，并把海报贴在了门口的墙上。

饲养要求
夏季饲喂时间:
早6点 晚5点
冬季饲喂时间:
早8点 下午3点
给母牛提供15℃
左右的温水

建功指着贴好的饲养要求提醒父亲:"爸,可不能乱喂,得按照这个要求定时定量,早晚开饭各一顿,冬季饮水要加温。"

饲养要求
冬季采用电加热饮水器
春、夏、秋季可以在室外
进入冬天要在室内
饮水要清洁 草料要新鲜

　　牛大叔认真看着饲养要求对建功说："放心吧，都听你的！可是，它们不爱吃食，大便还又干又硬。"

饲养要求

夏季饲喂时间：早6点、晚5点。
冬季饲喂时间：早8点、下午3点。
给母牛提供15℃左右的温水。
冬季采用电加热饮水器。
春、夏、秋季可以在室外。
进入冬天要在室内。
饮水要清洁，草料要新鲜。

维生素C

葡萄糖

健胃药

人工盐

"到了咱家，环境、气候、饲料变了，就会有应激反应。好比说，原来天天吃花生秧子，到咱这吃玉米秸子，她吃不下去呀，得慢慢适应呢。我在水里加了葡萄糖和维生素C，再喂点人工盐和健胃药就好了。"建功连忙安慰父亲。

　　"姐，这糖水儿、盐饼干和开胃小药儿还真管用。" "可不，身上舒坦多了。咱去转转吧，好好看看这新家。" 趁牛家父子不在，黄白花小姐妹说起了悄悄话。

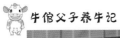

牛倌父子养牛记

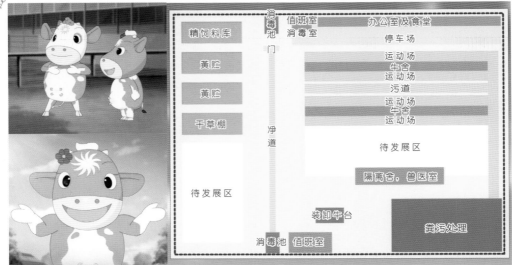

"原来咱家是个花园大宅，南北100米、东西120米，3栋大房子还有食堂呢。"牛妹妹边看边感叹。

　　"咱住的房子也挺像样。钢架吊顶，气派，通风采光都挺好。牛均8平方米，住着也不挤。"姐姐指着身后的牛舍说。

　　姐妹俩来到运动场，妹妹高兴地说："这运动场更大，春、秋季可以吹小风、晒太阳；冬天嘛，咱就窝在屋里，不去外面冻着了。"牛姐姐却说："人家小农科老师说了，冬天也能到院子里晒太阳。"

　　一听说冬天还要出门，妹妹缩着胳膊反驳："不行，太冷！"姐姐告诉她："咱是牛，这么厚的皮毛，不怕冷。冬天室内温度在零度以上，水不结冰，湿度在60%以下，咱就能好好过日子，湿度大了可以开窗换气。天气好时，在室外晒太阳，好处可多了。"

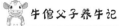

　　转眼进入冬季，妹妹瑟缩着身子被姐姐硬拉到室外。"冬天出来，确实冷啊！"姐姐伸展胳膊，大口呼吸着空气："你看多好的天啊！上午10点到下午3点晒几个小时，身上干爽多了，还能杀虫呢。"

　　原来，在毛皮底部，藏着好多怪模怪样的寄生虫。强光从上照射下来，寄生虫被惊醒。"忽然变得又冷又干的，冻冻冻、冻死了。"寄生虫嚷嚷着，纷纷翻白眼，倒在地上起不来了。

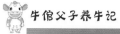

"呵呵，身上真的不刺痒了。"妹妹惊喜地拍拍自己的身体。

每年注射两次
口蹄疫疫苗
秋天九十月
春天四五月

　　冬去春来，已经成年的牛姐妹又出来晒太阳了。"姐，听说明天要给咱打针，疼不疼啊？"牛姐姐说："咱秋天在老家打过的，你忘了？半年一次，春天再打一次。"

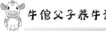

　　听姐姐一说，妹妹也想起来了，当时打完针第二天还病了一场呢。牛姐姐纠正说："那不叫病，没精神吃不下，是正常反应，不是三五天就好了嘛。半个月产生抗体，就不怕口蹄疫那混蛋玩意儿了。"

　　"姐，这天暖和了，我咋倒吃不下东西了呢？"牛妹妹问姐姐。姐姐掩口窃笑道："呵呵，傻妮子，青春期了，过些日子咱就能配郎君了。"

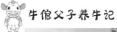

牛倌父子养牛记

母牛发情不用找
好在一边双顶角
溜溜达达不上槽
只闻不吃料和草

牛大叔急火火拉着儿子往运动场走："快来快来，有情况了，这回靠谱。"只见运动场里，几头牛都出现了发情现象。额对额相互对立顶角、哞叫，尾根竖起做排尿姿势，在料槽边但不吃料，爬跨。

36

月龄十五刚刚好
体重七百最可靠

　　建功告诉牛大叔："配种的事都已经安排好了，一会儿小农科就亲自带着冻精过来。""今天就配？"牛大爷一听高兴了。

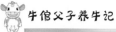
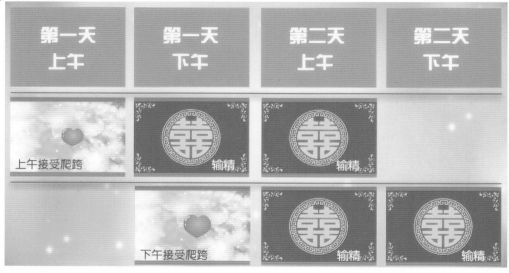

第一天 上午	第一天 下午	第二天 上午	第二天 下午
上午接受爬跨	输精	输精	
	下午接受爬跨	输精	输精

　　牛上午接受爬跨，下午输精，第二天早上再配一次；下午接受爬跨，第二天早上配种，下午再配一次。不能耽搁。

　　建功和小农科在牛舍里辟出一片配种区域，并从工具箱里拿出配种工具，摆放在桌子上，有4头牛拴在栏杆上正准备配种。

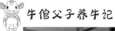

　　牛大叔着急地牵着一头个头瘦小的牛走了进来，"这孩子慌里慌张的，怎么还落下一头？"小农科看了看说道："大叔，这头牛长得太小，还不到配种的时候！配种不光要看长势、观情变，掐时间、算体重也很重要。"

招时间

算体重

招时间

350千克

　　母牛的性成熟期大都在12~14个月龄，生殖器官发育完全，才能具备正常的繁殖功能。但初配月龄最好在15~18个月、达到体成熟时；还要达到成年体重的70%，也就是350千克以上才能配种。

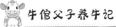

早点配，可以早产犊啊！

　　小农科告诉牛大叔，体重不达标就配种，可能会导致难产；更重要的是，小母牛自己还没发育好就带上崽，大的小的都要发育，任务太重，容易导致母牛发育不良，以后的生养能力会很差的。

　　听说早点配种有这么大危害，牛大叔有些后怕。抚摸着小牛头说道："哎呦，要是把你身体给毁了，我这买卖可就赔了。咱不配了，去给你补补，吃点好的。"说完就牵着牛出去了。

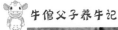

公牛母牛都受益，那太好了。

　　建功问小农科："第一次配种，冻精为什么要选择弗莱威赫？"小农科回答说："这个品种是德国的西门塔尔，不仅产奶量高，产肉性能也好，生出来的小牛乳肉兼用。小母牛将来都是好妈妈，小公牛能长大块头。"

输精后20~22天不发情，就证明输精成功了。要想知道受孕情况，还需要做妊娠诊断。

小农科穿好蓝大褂，戴上长手套，在建功的协助下，帮助小母牛配种。

怀孕后的牛姐妹，先后做了孕酮检查和B超检查。

成功受孕的小母牛欢天喜地进入保胎中心，没有怀孕的则被拦在了外面。

前3个月

前3个月发育慢，
4个月以后再补料。

　　妊娠前3个月，小牛宝宝在肚子里发育很慢。母牛要避免摄入营养过多、体重增长过快。

妊娠5个月以后日粮配方：
玉米0.8~1.0千克
豆粕0.2~0.5千克
食盐30~40克
磷酸钙40~60克
添加剂（微量元素、维生素）20~30克
玉米秸秆8~10千克
苜蓿干草0.5~1.0千克

妊娠期换配方，营养好，搭配有高招。

妊娠5个月后，及时更换日粮配方，加强营养，保证牛宝宝健康成长。

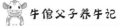

　　又到了一年玉米成熟、做黄贮的时候，一辆辆满载秸秆的运输车驶进牛场。牛大叔琢磨着要给自己这群怀孕五六个月的小母牛开小灶，弄点好吃的。

老师，来，来呀。

　　小农科正忙着检查秸秆湿度，冷不防看见牛大叔躲在一堆秸秆后面，神神秘秘地朝自己招手，便走过去看个究竟。

牛大叔真不愧是养牛老把式，居然弄回满满一大车萝卜叶子。"大爷，您弄回不少好东西啊！"小农科惊喜地说。

萝卜叶子、甜菜缨子和南瓜肉等都是好的青绿饲料，还可以低价买点品相不好的马铃薯、胡萝卜，给牛喂这些东西就像我们人吃水果一样。

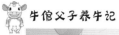

青绿多汁，当然好吃，但是吃多了容易拉肚子，不反刍。

豆荚、玉米和大豆等筛选下来的下脚料，也都是养牛的好饲料。

但是这类精料，不能让牛吃多了。尤其是豆类饲料，会导致急性瘤胃臌气，情况严重的会导致死亡。

灌服鱼石脂和
大黄酊混合液

　　一旦出现这种情况，可以用套管针给瘤胃放气。等压力降下来之后，再灌服鱼石脂和大黄酊[ding]混合液。不仅能抑制瘤胃发酵，还能健胃。

　　入冬后的一个傍晚，一头即将分娩的母牛无精打采地卧在厚厚的垫草上。牛建功已经为牛分娩做好了准备，正认真翻看着之前记录的种牛繁育档案。

几个牛舍漏风的地方都给补上了，不冷，水和料也都加上了。

牛大叔走进来，询问建功即将分娩的母牛怎么样了。建功知道父亲心里一直惦记着牛场即将出生的第一头小牛犊，连忙告诉他：估计晚上就能生。东西已经准备好了，让他放心。

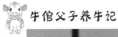

牛大叔抚摸着母牛的后背，轻声说："好啊，鼻子潮乎乎，眼睛亮晶晶，乳房胀鼓鼓的，真是头好牛！""我刚查了，后面陆陆续续的，每天都能添丁进口。"建功对牛大叔说。

擦净鼻孔内黏液

产房

擦净鼻孔内黏液

剪脐带

消毒

　　小牛犊生出来，先把鼻孔内的黏液擦干净。留10厘米长脐带，把血向两端挤净、断开，用5%碘酒在断端消毒。

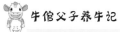

能自己站起来的犊牛，可以自己吃初乳。遇到站不起来的，要挤出初乳喂犊牛。

每天擦拭两次
每次按摩10分钟

按摩室

出口　　按摩室　　入口

母牛产犊后的三四天，要每天用热毛巾擦拭并按摩乳房，可促进乳房消肿。

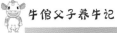

　　小牛正缠着妈妈吃奶，牛大叔在一旁欢喜地说："粗腿大棒嘴又壮，是个好苗子。多吃点，长硬实点。"

　　建功埋怨父亲说："爸，这头小牛已经出生半个月了，怎么还不转到犊牛舍去？母牛和犊牛要分开养了。"一听这话牛大叔有些恼了，气鼓鼓地回道："你怎么那么狠心呢？咱家以前养笨牛，小牛犊子一直跟着妈。"

"那能一样吗，咱是繁育场，分开养可以让母牛早发情、早配种，犊牛也能早点断奶。每天早晚两次，把它放进母牛舍吃奶，吃饱了再赶回犊牛舍就行了，不能养在一起。"建功看父亲有些生气，连忙缓和了语气解释。

　　"它多吃一天奶，母牛就晚发情好几天，耽误母牛配种产下一胎。"建功一边跟父亲解释一边把小牛赶出了母牛舍。

小牛犊护理不好，极易造成腹泻，影响健康。腹泻又分为营养性腹泻和病原性腹泻两种。

由饲料配方不合理引起的营养性腹泻，只要及时更换"营养餐"就可痊愈。

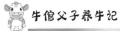

由于卫生条件差引起的病原性腹泻，严重时危及生命，必须及时治疗。

牛舍通风差
和营养不良等原因
会导致犊牛
呼吸道疾病

通风差，得肺炎，
加强营养换空气。

牛舍内过于潮湿，通风条件差，小牛易得肺炎。需要加强营养，通风换气进行预防。

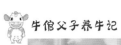

　　牛场办公室内，小农科提醒建功："今年出生的这40多头小牛，到6月龄就会发情了。为了防止早配，到5月龄时要分群。"建功点头称是，并告诉小农科，自己想把小公牛留下来育肥。

　　牛大叔风风火火地从外面回来，嘴里高兴地嚷嚷着："儿子，好事，好事。你让把母牛和牛犊分开养真没错，分开才十来天，好几头牛都发情了，比我以前散养牛要早好些天呢！"

　　小农科告诉牛大叔："产犊28天后的第一次发情特别好配，争取第一次就给配上。"
牛大叔问他是否还用之前的品种，小农科建议最好换一个。

西门塔尔

弗莱威赫

安格斯

夏洛莱

　　母牛经历过一次生产了，再配种可以使用大体型肉牛的冻精了，不必用西门塔尔，三元杂交优势好。安格斯牛牛肉价格高，还受市场欢迎；夏洛莱的特点是体型大，产肉多。这两种都不错。

　　"以前我养笨牛，都是闷头瞎干，这下领教了，门道可真多。"牛大叔感慨道。建功笑嘻嘻地说："爸，我和老师正算效益呢！"牛大叔一听立马来了精神，连忙让儿子给他好好算一算。

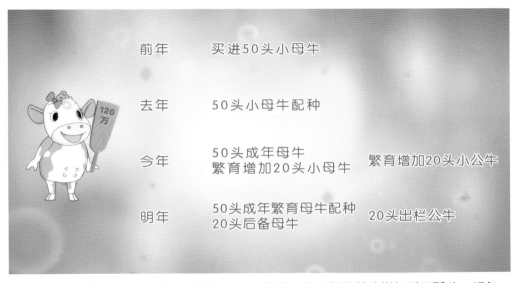

前年	买进50头小母牛	
去年	50头小母牛配种	
今年	50头成年母牛 繁育增加20头小母牛	繁育增加20头小公牛
明年	50头成年繁育母牛配种 20头后备母牛	20头出栏公牛

建功告诉他："牛场共投入120万元，母牛数量从去年的50头增加到了70头。明年，养殖场可繁育的母牛就是70头，加上20头小公牛育肥出栏，牛场的效益就进入快速增长期了。""4年变成将近100头牛，我以前都不敢想啊！"牛大叔乐得合不拢嘴。

　　小农科建议他们趁热打铁，再建一个肉牛育肥场，联合乡亲们一起干。牛大叔喜气洋洋地说："我家搞繁育，小犊子转给老哥们儿去育肥，整它个一条龙。咱屯子，要牛起来啦！"

图书在版编目（CIP）数据

牛倌父子养牛记 / 韩贵清主编. —北京 ： 中国农
业出版社， 2017.5
（现代农业新技术系列科普动漫丛书）
ISBN 978-7-109-17816-8

Ⅰ. ①牛… Ⅱ. ①韩… Ⅲ. ①养牛学 Ⅳ. ①S823

中国版本图书馆CIP数据核字(2017)第055924号

中国农业出版社出版
(北京市朝阳区麦子店街 18号楼)
(邮政编码 100125)
责任编辑　刘　伟　杨桂华

北京通州皇家印刷厂印刷　　新华书店北京发行所发行
2017年 5月第 1版　　2017年 5月北京第 1次印刷

开本: 787mm×1092mm　1/32　印张: 2.75
字数: 60千字
定价: 18.00元
(凡本版图书出现印刷、装订错误, 请向出版社发行部调换)